JN023705

目　　　次

I 実験室における一般的注意

［1］ 実験前の注意事項

化学基礎実験では正しい化学知識，注意深い観察力，正確な判断力を養うことは無論，さらに実験に対するまじめな態度が要求される．限られた時間内にできるだけ成果をあげ，事故を起こさないようにするために，以下に述べる注意事項をしっかり守ること．

(1) 実験室は禁煙とする．飲食も禁止とする．

(2) 実験のテーマは必ず予習をし，よく理解した上で出席すること．

(3) 実験は精神的，肉体的緊張が多く疲労しやすいので，身体のコンディションを整えておくことが大切である．コンディションの不良は事故に結びつくので注意すること．

(4) 実験当日は実験衣または適当な作業衣を着用すること．オーバー，コート，ジャケットなどの上着，下駄，サンダル，ヒールの高い靴などの活動しにくい物の着用は事故を招きやすいので禁止する．

(5) 当日の実験に必要のない所持品は必ず各自の実験台の下に収納すること．足下に置くのは危険なので決して置かないこと．

(6) 実験を始める前に，各自の実験台を清掃すること．また，当日の実験に必要なすべての器具，薬品が揃っているかを確認する．不足の物は申し出ること．

(7) その回のテーマに関するフローチャートを作成し，コピーなどをして控えをとる．当日に実験が始まる前に前回のレポートとともに提出する．（詳細参照：［5］フローチャート（実験手順書）について）

(8) 実験ノートは決められた形式（A4で綴じがしっかりしているもの．ルーズリーフなどの散逸しやすいものは禁止する．）のものを用い，実験中に確認したことをすべて克明に記録する．したがって，実験終了の時点には完成されてなくてはならない．完成したら検印を受け，持ち帰り，このノートを基にしてレポートを作成する．次回には忘れずに持参すること．（詳細参照：［6］実験のまとめ方（1）実験ノートおよび（2）レポートの作成）

(9) レポートはこの教科書の巻末のレポート用紙をコピーするなどして決められた用紙形式に書く．裏も使用してよい．2枚以上になる場合は必ずホチキスで綴じること．コピーなどをしてレポートの控えを必ずとり，レポートは次回実験が始まる前に提出すること．（12時45分まで）

(10) 最終回のレポートの提出日は最終回の実験日に連絡するので注意すること．

(11) 実験中は実験台の上およびその周辺は絶えず整頓し，不要な器具などは常に片づけてから次の操作に移ること．

(12) 実験時間は17時00分までとし，その後は後片づけ，ノート整理などを行い，実験ノートに検印を受け，17時40分には退出できるようにする．

(13) 実験終了後各自実験台を清掃すること．

(14) そうじ当番表は，実験室のホワイトボードに掲示するので，確認すること．当番は，実験終了後に指示を受けること．当番は次のような仕事を行う．①床，共通実験台の清掃．②ごみをまとめる．③その他．

［2］ 実験中の注意事項

（1） 事故の対処の仕方

　万一，火災，火傷，怪我などの事故が起きたときには，本人は気持ちが動転して適切な処置がとれないことがあるので，周囲の人は，直ちに指導教員に報告すること．以下に述べることは，実際に起こりうる事例と対処法である．

① 火傷をしたら，直ちに氷水で良く冷やすこと

　ガラス細工などで，加熱したガラス棒やガラス管に触れ，思わぬ火傷をすることがあるので注意すること．火傷したら直ちに氷水でよく冷やし，指導教員に報告すること．

② 薬品が目や口に入ったら，直ちに多量の水で洗うこと

　薬品を誤って目や口に入れてしまったときは，水道水を流しっぱなしにし10分間くらい絶え間なく洗い，速やかに指導教員に報告する．コンタクトレンズを着用している者は特に注意が必要なので，保護眼鏡を必ず着用すること．それ以外の者もできる限り着用すること．アルカリは，酸よりも浸透性が強いので慎重に扱うこと．水酸化ナトリウムの水溶液を調製中に，誤って目に入れ，失明した例もある．皮膚に薬品が付着したときも，すぐに水洗いをすること．たいしたことはないと考えずに，多少にかかわらず水洗いが肝要である．

③ 試験管で何かを加熱するとき，筒先を人に向けないこと

　突沸する危険があるので，自分自身や人の方向に向けないこと．ビーカーやフラスコで加熱する際も，不用意に上からのぞき込まないこと．

④ ひびの入ったガラス器具類は使用しないこと

　少しくらいひびが入っていても，液が漏れないこともあるが，加熱したりショックを与えたりすると急に割れることがある．また，ガラスの破損個所はカミソリと同様非常に鋭利になっているので手を切りやすい．ガラス器具を破損したときは，ほうきなどで慎重に拾い集め実験室の専用箱に入れること．

⑤ 濃硫酸を希釈するときは，かき混ぜながら純水中にゆっくりと加えること

　濃硫酸に水を加えると，爆発的な激しさで発熱して非常に危険である．純水の中に濃硫酸を加えるときも，水の量が少なければ同様のことが起こるので要注意である．したがって，多量の純水中に濃硫酸を加えるときも冷却しながらゆっくり加えること．

⑥ 必要以上の試薬，器具類を用いないこと

　指示された以上の試薬，ろ紙などを勝手に使用してはいけない．準備の都合ばかりでなく，廃液のこともあるので，実験に失敗しても，勝手に再度実験を始めてはいけない．必ず指導教員と相談し，失敗した原因を明らかにしてから再開すること．一人の人間が勝手に試薬を余計に使えば他の人の実験の妨害をすることになるものと自覚すること．

（2） 廃棄物の処理の仕方

① 固形物

　流しに捨てたり，実験台，床に放置しないこと．

　○可燃性ゴミ…………マッチ屑は各実験台上の専用屑入れに．他の可燃性ゴミは実験台下のゴミ箱に捨
　　てる．どちらも実験終了後，実験室にある，専用の大きなポリバケツに移してから退出する．

　○不燃性ゴミ…………プラスチックや金属屑などは実験室の専用屑入れに捨てる．ただし，薬品の付着
　　している物は軽く洗い流して捨てる．

　○ガラスゴミ…………ガラス片は実験室前室の専用屑入れに捨てる．ただし，薬品の付着している物は
　　軽く洗い流して捨てる．

② 溶　液

　下記以外で不明な物は必ず指導教員に聞いて処理をすること．

　○酸，塩基溶液………………………特に指示のない物は，中和して流してよい．

　○重金属（Cu，Ti，Fe，etc）を含む溶液……専用の廃液だめにいれる．容器をリンスした液も必ず入
　　れること．

　○有機溶媒……………専用の廃液だめに入れること．

[3]　実験後の注意事項

（1）　ガラス器具は使用後，洗剤を使用するなどしてよく水洗いし，汚れや付着物を完全に落とし，最後
　　に少量の蒸留水で洗い，水が切れるようにして器具カゴにしまい，所定の場所に返却すること．

（2）　その他の器具も次の使用者が困らないように整理整頓し，器具などを点検し，不足の物があれば指
　　導教員に申し出て補充しておくこと．

（3）　実験台上は各自，雑巾などで清掃しておく．またゴミの始末も忘れずに行う．

（4）　ガス，水道いずれも元栓が閉まっていることを必ず確認すること．

（5）　実験終了後は各自，提出物を提出し，実験ノートに検印を受ける．その後，次回のテーマ，当番な
　　どを確認して退出すること．

[4]　遅刻と欠席について

（1）　実験を始める前に，その日の実験で特に注意することなどの指示があるので，絶対に遅刻しないよ
　　うに余裕をみて出席すること．必ず定刻には実験室に到着し，着席していること．

（2）　万一遅刻したときは，まず指導教員に報告し，実験可能な場合に限りその日の実験の指示を受ける
　　こと．申し出のない場合は欠席とする．

［5］ フローチャート（**実験手順書**）について

　その回のテーマをよく理解し，実験をスムーズに行うために作成するものである．実験の手順をフローチャート形式で，決められた用紙形式（巻末の付録を参照）に描き，実験が始まる前に提出すること．次の図はその一例を示したものであるが，まだ不完全である．第2回の実験からはこれを参考にし，描いて提出すること，さらにコピーなどして控えをノートに貼っておき，実験の際参照できるようにする．

中和滴定

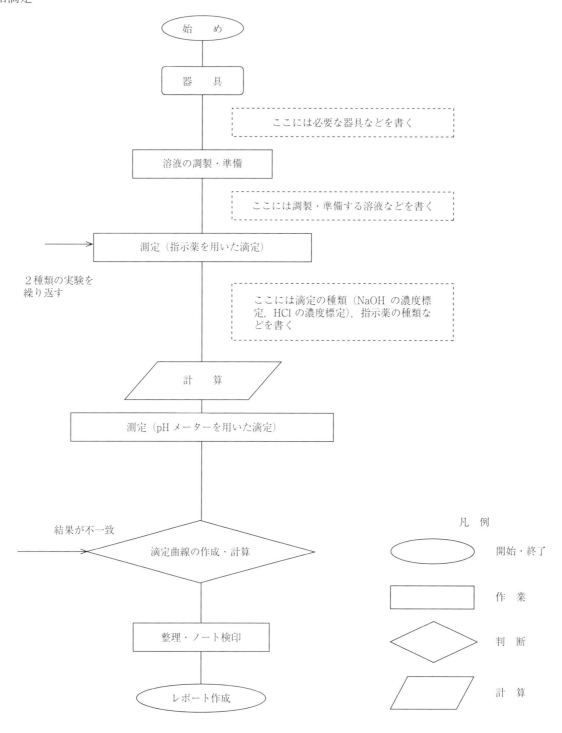

［6］ 実験結果のまとめ方

（1） 実験ノート

　必ず実験専用のノート（A4で綴じがしっかりしているもの）を用意すること．あり合わせの紙やルーズリーフは散逸しやすいので使用不可．実験ノートには<u>その日やったことをすべて書くようにしなければならない</u>．レポートを作成する上での最も正確な情報となるので，読み返しても自分が書いたものであることがわかると同時に，詳細に書かねばならない．記載すべき事項は，日時，実験題目，試薬，器具，使用測定装置，測定条件，測定値，単位，測定中の観察事項，共同実験者などで，場合によっては気温，水温，天候なども必要となる．途中で失敗した実験結果や，計算の経過なども消さずに残しておく方がよい．失敗したと思われるデータが生きることもあるので，消しゴムなどで消さずに，線で消すようにする．2人1組で実験するときも，ノートは各自独立して記録すること．実験が終わった後に他人のノートを見てまとめ書きしないこと．なお，実験ノートは毎回検印を受けて持ち帰る．

（2） レポートの作成

　実験は報告書（レポート）を作成し，提出したときに完了するものである．レポートは必ず提出しなければならない．誰が見ても実験の目的，方法，結果などが容易にわかるものでなければならない．図はグラフ用紙に鮮明に描き，直線は定規を当て，曲線もなるべく曲線定規を用いて記入する．実験は失敗がつきものである．データを故意に修正したりしないこと．失敗や誤りの原因を明らかにすることが肝要である．レポートに必要な主な事項は次の通りである．

① 実験題目，日付，学籍番号，報告者氏名，共同実験者名，実験台番号

② 実験目的……教科書の丸写しではなく，よく内容を理解し，自分の言葉で記すこと．次の「原理」，「方法」も同様である．

③ 原理（場合によっては省略できる）

④ 実験方法……器具，試薬，装置，操作，反応および測定条件など

⑤ 実験結果

⑥ 考察…………結果に対する検討，文献との比較，反省，意見などを書く．場合によっては結果と考察をまとめて書くこともある．**考察は感想ではない．**

⑦ 出典等………レポート作成時に参考とした書籍やWEBの記述を記載する場合は必ず出典を明示すること．

［7］ 実験期間中に配付される器具類

実験器具 ＊＊＊ 2人で1組 ＊＊＊

籠（器具入れ）

ビーカー（50 mL）	2個
ビーカー（100 mL）	2個
ビーカー（200 mL）	2個
三角フラスコ（50 mL）	4個
三角フラスコ（100 mL）	4個
三角フラスコ（200 mL）	1個
ガラス棒	1本

実験台の中

試験管立て	2個
試験管（20 mL）	22本
目盛り付試験管（20 mL）	2本
三脚・湯浴	各2個
氷浴	2個

流し下

ゴミ箱（可燃物用）	1個

実験台の上または流し

バーナー	2個
試験管ブラシ	1本
2号ブラシ	1本
洗瓶	1本
クレンザー・マッチ屑入れ・雑巾・スポンジ	各1個

試 薬（実験中に各自調製） ＊＊＊ 2人で1組 ＊＊＊

H_2SO_4（1 mol/L）	18 mL
HCl（1 mol/L）	60 mL
NaOH（1 mol/L）	100 mL（樹脂製試薬瓶）

II 実験操作における一般的注意

(1) ブンゼンバーナーによる加熱

　化学実験ではしばしば加熱用にブンゼンバーナーを用いる．上下2つのリングのうち，下はガス，上は空気の量を調節するリングである．空気が少ないと不完全燃焼して黄色の炎となり，すすが発生するので，空気を入れてその色が消えるようにする．バーナーでビーカーなどを加熱するときは，セラミックス付き金網を三脚の上に置き，炎の大きさは外炎がビーカーの寸法よりも小さいか同じにする．小さいビーカーを大きい炎で加熱すると，ビーカーの側面も加熱され，火傷や突沸の原因となるので，注意すること．銅製の水浴を加熱するときは，金網を用いず，直接加熱する．

- ○　バーナーは使い終えたら直ちに消すこと．点火したら，側から離れないこと．
- ○　試薬や試料をバーナーの側に置かないこと．

(2) 薬品の扱い方

　化学薬品には扱い方によっては非常に危険なものがあるので，実験に使用する薬品についてあらかじめその性質を調べておく必要がある．濃硫酸などを希釈するときは，完全に乾燥した器具を使うことは言うまでもないが，必要以上に試薬をとったり，乱暴に扱ってはいけない．また，とり出した後は，必ず蓋をしっかり閉め，一度とり出したものを，もとの瓶に戻したりしないこと．試薬の汚染の原因となる．ある容器から他の容器に液体を移すときは，図のように傾けて，少しずつ加える．試薬瓶からビーカーにとるときは，ガラス棒に伝わせるとよい．

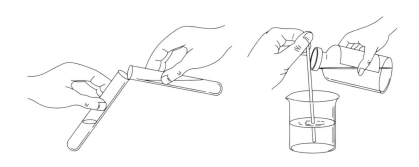

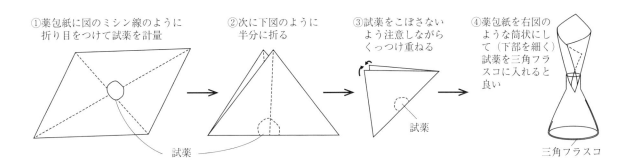

①薬包紙に図のミシン線のように折り目をつけて試薬を計量

試薬

②次に下図のように半分に折る

③試薬をこぼさないよう注意しながらくっつけ重ねる

試薬

④薬包紙を右図のような筒状にして（下部を細く）試薬を三角フラスコに入れると良い

三角フラスコ

（3）　ガラス器具の扱い方

　化学実験でガラス器具類を使用するのは，物質の状態や変化がよく見えるためで，不透明な容器では，観察できないことによる．したがって，器具が汚れていては話にならないので，常に清浄にして用いないと実験に誤りをきたす恐れがでてくる．器具の洗浄は，内部より先にまず外部を水道水で洗うことから始める．ブラシかスポンジで洗剤を混ぜて汚れをすり落とす．有機物による汚れの場合はアセトン，エタノールなどの有機溶剤で洗い落とす．ガラス器具がきれいになると，その表面で水が一様に広がり，水がはじけてムラができることはない．最後に必要があれば，少量の蒸留水で1〜2回すすぐ．

（4）　洗　瓶

　化学実験では単に「水」といえば「蒸留水」あるいは「イオン交換水」などの純水を示し，水道水を使うときは「水道水」とことわる．器具や沈殿などを洗浄するときに使う洗瓶は，通常ポリエチレン製のものを利用する．

（5）　結晶や沈殿の分離

　生成した結晶や沈殿の分離には，自然ろ過，吸引ろ過，保温ろ過，遠心分離などの方法があるが，ここでは前二者についてのみ触れておく．

　自然ろ過：ろ紙を用いて沈殿と母液を大気圧下，室温で分離する．円錐形にたたんだろ紙をガラスロートの内面に広げ，蒸留水を吹き付けて濡らし，気泡をロートの先端から押し出すようにして，ろ紙をガラス面にぴったりつける．ろ過するときは，上澄み液からガラス棒に伝わらせて少量ずつ静かに注ぐ．不要の沈殿やろ液からの再結晶などには，折りたたんだろ紙を用い，ひだをつけてろ過面積を広くし，ろ過する時間を短縮する方法もある．

　吸引ろ過：アスピレーターなどを用いて減圧下でろ過する方法である．再結晶で生成した結晶をろ過するのに適している．吸引瓶にはゴムアダプターを付けたロートをセットし，逆流弁付きのアスピレーターを用いてろ過する．通常，ブフナーロートや目皿付き漏斗などを用いる．吸引瓶に肉厚ゴム管をつなぐときには，吸引瓶の吸引口を水で濡らし，肉厚ゴム管をゆっくりと差し込む．無理やり押し込もうとしてはいけない．万一，筒先がおれたら大怪我になるので慎重に行うこと．

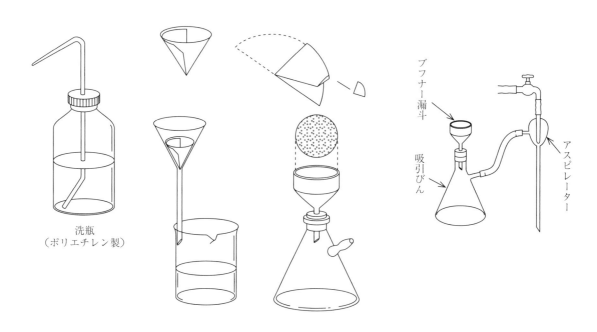

洗瓶
（ポリエチレン製）

ブフナー漏斗

吸引びん

アスピレーター

（6）　上皿天秤と電子天秤

　上皿天秤：小型で皿の上に容器を置いたまま薬品などをはかりとることができて簡便であるが，0.1 g〜0.05 g 程度の精度しかない．上皿天秤の支点には鋼鉄製の刃が付いており，取り扱いは比較的容易である．ゼロ点の調節は左右のネジで行う．ゼロ点がずれているときは，左右の皿を交換してみる．

　薬品はこぼさないように気を付け，こぼした場合は直ちにふきとる．実験終了時に皿を一方に重ねておき，支点の磨耗を防ぐ．

　電子天秤：最近の精密機器はほとんど電子天秤である．上皿天秤とは異なり，刃先も分銅もない．永久磁石の間に置かれたコイルに電流に流し，そこに働くローレンツ力で試料の加重による変位を打ち消して，常にウデが同じ位置に釣り合いをとっている．釣り合いをとるのに必要な電流は試料の重さに比例するので，あらかじめ標準分銅で電流を校正しておき，試料の重さを秤量する．ゼロ点調整をはじめ，風袋の差し引きなどがワンタッチで操作できるので簡便であるが，精密機器であるので慎重に，指示されたやり方で使用すること．鉄などの強磁性体が近くにあると正しく秤量できないので注意を要する．電子天秤には 100 g 程度で，0.1 mg の精度で測定できるものもある．

a) 上皿天秤

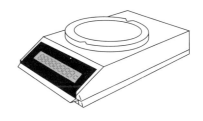

b) 電子天秤

（7）　容量器具類

　メスシリンダー，メスフラスコ，ビュレット，ピペットは正しく取り扱い，加熱してはならない．熱のため割れることもあるので，メスシリンダーやメスフラスコの中で薬品を溶かしたり，反応を行わせてはいけない．また，駒込ピペットの精度で十分な場合に，ホールピペットやメスピペットを用いてはならない．

　指示された実験器具以外は使用しないこと．ビュレットやピペットなどは，先端が重要なので破損しないように特に気をつけること．ピペットは必ずピペット台に置き，実験台の上に直接寝かして置いてはならない．容量器具類に液体を入れたとき，液面は半月形（メニスカス）をなしているので，これを読むには，水平の位置から見て，メニスカスの底部の位置を読みとる．<u>目盛りと目盛りの間は目分量で読み，目盛りの精度の 10 分の 1 まで読みとること</u>．

化学実験でよく用いられる器具

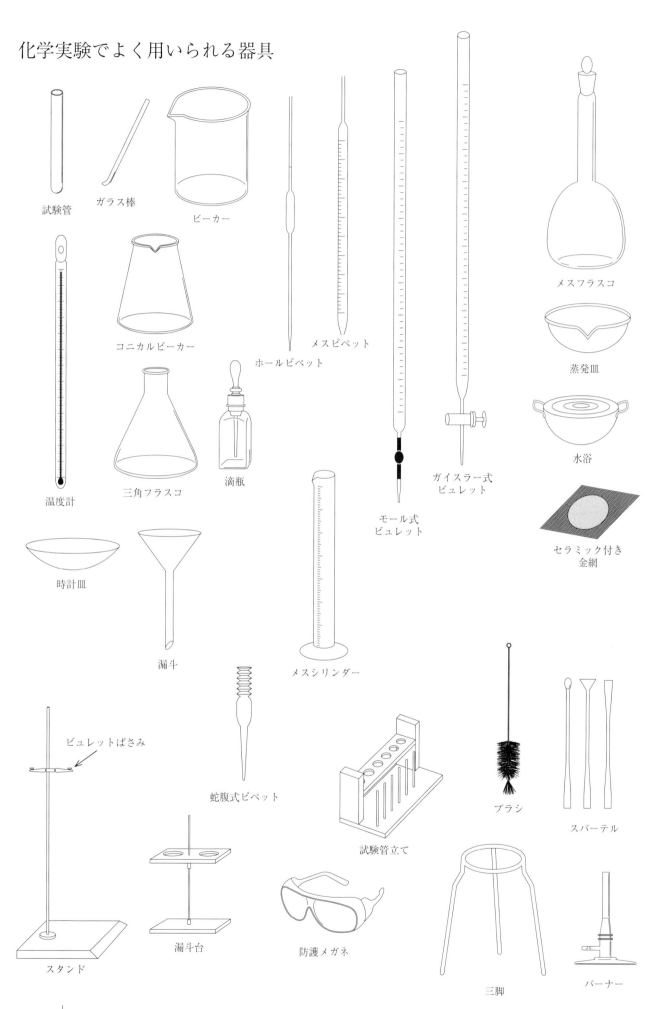

試験管

ガラス棒

ビーカー

コニカルビーカー

メスピペット

ホールピペット

メスフラスコ

蒸発皿

水浴

温度計

三角フラスコ

滴瓶

モール式
ビュレット

ガイスラー式
ビュレット

セラミック付き
金網

時計皿

漏斗

メスシリンダー

ビュレットばさみ

蛇腹式ピペット

試験管立て

ブラシ

スパーテル

スタンド

漏斗台

防護メガネ

三脚

バーナー

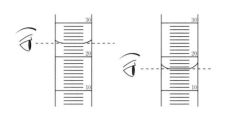  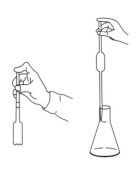

酸・塩基溶液の調製法

試薬	濃度（mol/L，（%））	市販試薬からの調製法
希塩酸	6（18）	等量の水に濃塩酸（12 mol/L，36 %）を加える．
（式量 36.5）	1（3）	11 倍量の水に濃塩酸を加える．
希硫酸	3（16）	5 倍量の水に濃硫酸（18 mol/L，96 %）を加える．
（式量 98.1）	1（5.3）	水 17 倍量の水に濃硫酸を加える．
水酸化ナトリウム	6	水に粒状 NaOH 240 g を加え，1L とする．
（式量 40.0）	1	水に粒状 NaOH 40 g を加え，1L とする．
希アンモニア水	6	濃アンモニア水（密度 0.9 g/mL，15 mol/L，28 %）1 に対して，1.5 倍量の水を加える．
	1	濃アンモニア水 1 に対して，14 倍量の水を加える．

参考図書

（1） 化学実験の基礎，綿抜邦彦　他　（1991 年，培風館）
（2） 化学実験，東京大学教養学部化学教室　（1984 年，東大出版会）
（3） 基礎化学実験法，大阪大学教養部化学教育研究会編　（1993 年，学術図書）
（4） 理工学基礎実験，東京工業大学化学実験室編　（1988 年，講談社サイエンティフィク）
（5） 化学実験，慶応義塾大学工学部工学基礎教室化学実験室編　（1979 年，学術図書）
（6） 生化学実習指針（1978 年，廣川書店）
（7） 基礎化学実験　第 2 版，東京大学教養学部化学部会編　（2008 年，東京化学同人）
（8） 基礎化学実験，京都大学大学院人間・環境学研究科化学部会編　（2008 年，共立出版）

実験（1）　一般的注意と予備実験

2人1組

（1）　**各種器具類の名称と扱い方**

（2）　**実験ノート，レポート，フローチャートの書き方**

（3）　**弱酸および弱塩基と緩衝液の pH の測定**

実　験

1）目　的

　化学や生物学の分野においては溶液の pH は重要な因子である．我々の血液や体液の pH は，ほぼ一定に保たれており，生命現象としても重要である．pH はどのようにしたら一定に保たれるのであろうか．この実験では，pH および緩衝液の基本的な意味を理解するために，以下の実験を行う．井水，蒸留水，酢酸緩衝液の pH を pH メーターを用いて測定する．

2）準　備

　① 器　具

　　貸出用（2人1組）

pH メーター	1台
pH 測定用容器（樹脂製，20 mL）	7個
メスピペット（10 mL）	2本
ホールピペット（1 mL）	2本

　　個人用（2人1組）

ピペット台	1台

　② 試　薬

酢酸緩衝液	（中央実験台）
（酢酸および酢酸ナトリウム，各 0.2 mol/L）	
1 mol/L 水酸化ナトリウム	（各自調製）
1 mol/L 塩酸	（各自調製）

　◆1 mol/L NaOH 水溶液の調製

　蒸留水に NaOH 4 g（希釈の際少し発熱するので NaOH は少しずつ加えガラス棒でよく撹拌）を溶かし，100 mL にする．→1 mol/L NaOH 水溶液

　◆1 mol/L HCl 水溶液（ドラフト内にて調製）

　蒸留水で濃塩酸（conc. HCl）5 mL を少しずつ加え 12 倍希釈し 60 mL にする．その後ガラス棒でよく撹拌する．→1 mol/L HCl 水溶液

　※1 mol/L NaOH 水溶液および 1 mol/L HCl 水溶液は次回以降も使用するのでそれぞれ各実験台の試薬瓶に保存する．

3）測定試料の調製

　1）井水　2）蒸留水　3）蒸留水 10 mL と 1 mol/L 塩酸 1 mL の混合液　4）蒸留水 10 mL と 1 mol/L 水酸化ナトリウム 1 mL の混合液　5）酢酸緩衝液　6）酢酸緩衝液 10 mL と 1 mol/L 塩酸 1 mL の混合液

7）酢酸緩衝液 10 mL と 1 mol/L 水酸化ナトリウム 1 mL の混合液

4）操　作

3）で調製した各試料をそれぞれ pH メーターで pH を測定する．pH 電極はあらかじめ塩化カリウム溶液に浸してある．測定の際は電極を 3.3 mol/L 塩化カリウム溶液から注意深くとり出し（pH 電極は非常に破損しやすいので，測定試料は必ずアクリル製またはポリエチレン製の容器を用い，ガラス製のものは使わないこと），蒸留水で洗浄後，試料中に電極の先端のくびれ部分が完全に浸るように，容器に差し込む．メーターの数値の動きが落ち着いてから，数値を読みとる．測定後は電極を蒸留水で洗浄後，3.3 mol/L 塩化カリウム溶液に浸しておく．

課　題：今回測定した試料の内で 3）〜7）について pH の計算値を求め，実測値と比較せよ．pH メーターを用いて 0.1 mol/L の塩酸の pH を測定すると，約 1 という値が得られるが 0.1 mol/L の酢酸の pH を同様に測定すると，約 3 という値が得られる．これは HCl は水中で完全に解離しているのに対して，CH_3COOH は一部しか解離していないからである．酢酸は水溶液中で次のような解離平衡を保っている．

$$CH_3COOH + H_2O \rightleftharpoons CH_3COO^- + H_3O^+$$

酢酸の解離定数を K_a とすると，質量作用の法則から

$$K_a = \frac{[CH_3COO^-][H_3O^+]}{[CH_3COOH]}$$

となる．酢酸の解離定数は温度が一定ならあまり濃くない水溶液ではほぼ一定 1.74×10^{-5}，25 ℃である．上式の両辺の対数をとり変形すると，$pH = -\log[H^+]$ であるから，

$$pH = -\log K_a + \log \frac{[CH_3COO^-]}{[CH_3COOH]}$$

酢酸および酢酸ナトリウムの混合液において，それぞれの濃度があまり大きく違わない場合は，$[CH_3COOH]$ および $[CH_3COO^-]$ は加えた酢酸および酢酸ナトリウムにそれぞれ等しいと近似してよいので，混合比から pH を概算することができる．なお $-\log K_a = pK_a$（ピーケーエーと読む）として，弱酸の強弱を比べる指標とする．

（4）ガラス細工

試験管，フラスコ，ビーカーなどの化学用のガラス器具類は，急激な熱の変化に耐えうるものでないといけないので，硬質ガラス（カリガラス）またはパイレックス（ホウケイ酸ガラス）がよく用いられている．試薬びんなどの急激な熱の変化を受けないものには軟質ガラス（ソーダライムガラス）が使われている．本実験では軟化点の低い軟質ガラス棒とガラス管を用いて，**a）融点測定用毛細管**および**b）ガラス攪拌棒と薬さじ**の作り方を学ぶ．

（注意）　ガラス細工をするときは必ず保護眼鏡をかけ，切り傷・火傷に注意すること．また，ガラス屑は所定の箱に捨てること．細かいガラス屑は雑巾で拭いてはいけない．濡らしたペーパータオルで拭くこと．

1）ガラス管およびガラス棒の切り方

直径が 1.5 cm 以下のガラス管を切るときは，まずしっかりした台の上にガラス管を置き，ガラス管に 45° の角度からヤスリの刃の背中に人差し指を当てつつ強めに引き，長さ数ミリの傷を付ける．次にガラス管の傷を上に向け，傷から左右 1〜2 cm 離れた裏側に両手の親指をしっかり当て，胸の高さよりやや低めの位置で引っ張り気味に折るのが要領である．ガラス棒の場合は，傷を付けた後，傷の後ろ側に両手

の親指を当て，引っ張らずに折る．ガラス管，ガラス棒ともに切断箇所は鋭利で危険なので，ヤスリで切り口をこするか，炎の中であたため角をなめらかにしておくことが肝心である．

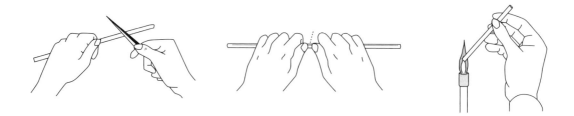

2）ガラス管の引きのばし方

　ガラス管を一定の速さでくるくる回転させながら均一に加熱してゆくと，加熱された部分にガラスが集まってくる．よく加熱されて厚みの増したところで，ガラス管をいったん炎の外に出し，はじめはやや弱く，次第に強く引きのばす．炎の中で引き伸ばすと，急激に細くなり切れてしまう．

○ **融点測定用毛細管の作り方**：直径 7〜8 mm の肉厚ガラス管を引きのばす．内径約 1〜1.5 mm の部分が 8〜10 cm の長さになるようにアンプルカットで切り，一端を炎の中に入れて溶封する．最低 3 本作成する．

毛細管実物大　————▷　━━━━━━━━━━━━━━━━━━━

○ **撹拌棒および薬さじの作り方**：直径約 3〜4 mm のガラス棒（長さ約 21 cm）を 2 本用意する．1 本めは両端を炎の中に入れて丸みをもたせるだけでよい．両端を加熱することになるので，火傷しないようにすること．もう 1 本のガラス棒は，一端を薬さじのように変形するので，まず，片側を強熱して，ガラスの玉を作り，この部分を素焼きの板の上に置き，ガラスびんのふたで上から押しつけるようにすると，ちょうど薬さじのようになる．もう一方の端は，熱してできるガラス玉を素焼きの板に対して垂直に押しつけるだけでよい．（下図）

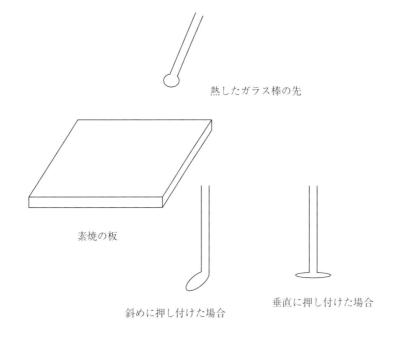

熱したガラス棒の先

素焼の板

斜めに押し付けた場合

垂直に押し付けた場合

実験（2）　中和滴定

予習事項

（1）　標準物質について　　（2）　物質の標定について　　（3）　ガラス電極について

（4）　分析の精度について

　　酸と塩基の反応すなわち中和反応を利用して酸あるいは塩基を定量する滴定法を中和滴定法という．中和反応では酸の水素イオン（H^+）と塩基の水酸化物イオン（OH^-）が結合して水分子（H_2O）が形成される．このとき一方の酸あるいは塩基の濃度と体積がわかっていれば，それを中和するのに要する塩基あるいは酸の体積からその濃度を求めることができる．このときの滴定の終点は適当な指示薬を用いれば，簡単に求めることができる．

pH 指示薬

　　中和滴定においては滴定の終点を求めるために指示薬が用いられる．これらの pH 指示薬（有色色素）は，弱酸あるいは弱塩基の物質であり H^+ が色素分子から解離あるいは色素分子に結合するとき変色する．例えば指示薬を HIn とし，水溶液中で

$$HIn \rightleftharpoons In^- + H^+$$

の平衡が成り立っているとする．HIn と In^- の光の吸収帯の波長が異なれば，指示薬の色もおのずと変化することになる．HIn の解離定数を K_I とすれば

$$\frac{[In^-]}{[HIn]} = \frac{K_I}{[H^+]}$$

となり，色調は $[H^+]$ に依存して変わることがわかる．例えばフェノールフタレインとメチルオレンジの構造と色の関係は次のようである．

フェノールフタレイン

中性および酸性溶液中
ラクトン型（無色）

アルカリ溶液中
キノン型（赤色）

メチルオレンジ

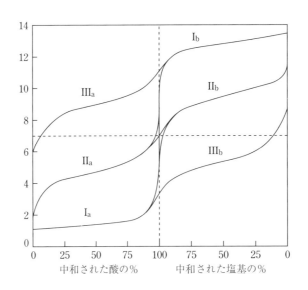

$$O^-_3S - \underset{\text{（赤色）}}{\bigcirc} - \underset{H}{N} - N = \bigcirc = N^+(CH_3)_2 \quad \underset{+H^+}{\overset{-H^+}{\rightleftharpoons}} \quad O^-_3S - \bigcirc - N = N - \bigcirc - N(CH_3)_2$$

酸性水溶液中（赤色）　　　　　　　　　　　　　　　　　　　　　　　　アルカリ水溶液中（黄色）

その他の pH 指示薬を次の表に示す.

中和滴定の指示薬

指示薬名	略字	変色域	濃度	酸性色	塩基色
チモールブルー	TB	1.2〜2.8	0.1 % アルコール溶液	赤	黄
		8.0〜9.6		黄	青
コンゴーレッド	CR	3.0〜5.2	0.1 % 水溶液	青	赤
メチルオレンジ	MO	3.1〜4.4	0.1 % 水溶液	赤	黄
メチルレッド	MR	4.2〜6.3	0.1 % アルコール溶液	赤	黄
ニュートラルレッド	NR	6.8〜8.0	100 mg/（30 mL アルコール＋70 mL 水）	赤	黄
フェノールレッド	PR	6.8〜8.4	0.1 % アルコール溶液	黄	赤
フェノールフタレイン	PP	8.3〜10.0	0.1 % アルコール溶液	無色	赤
チモールフタレイン	TP	9.3〜10.5	0.1 % アルコール溶液	無色	青

滴定曲線

　酸の溶液に塩基を加えながら，溶液の pH を測定していくと次の図のような曲線が得られる．このような曲線を滴定曲線という．中和滴定（酸を塩基で中和する場合）には次のような場合がある.

　　　　a）強酸を強塩基で滴定　　　　b）弱酸を強塩基で滴定

　　　　c）強酸を弱塩基で滴定　　　　d）弱酸を弱塩基で滴定

　それぞれ図のどれに相当するか各自考えよ．またその場合どの指示薬を用いた方がよいかも考えよ.

実　験

1）目　的

　　各自で調製した HCl 水溶液の濃度を中和滴定法により決定する．指示薬，pH メーターそれぞれ
を用いた方法で滴定を行って濃度を決定し，比較・検討する．

2）準　備

　　① 器　具

　　　貸出用（2 人 1 組）

メスシリンダー（100 mL）	1 個
メスシリンダー（20 mL）	1 個
ビュレット（10 mL）	1 本
ビュレット台（各自組み立て）	各 1 個
ホールピペット（5 mL）	2 本
スポイト	1 個

　　　個人用（2 人 1 組）

三角フラスコ（100 mL）	3 個
ビーカー（200 mL）	1 個
ピペット台	1 台
pH メーター	1 台
pH 測定用プラスチック容器	1 個

　　② 試　薬

0.1 mol/L HCl	（各自調製）
0.1 mol/L NaOH	（各自調製）
pH 指示薬（フェノールフタレイン，メチルオレンジ）	（前方共通実験台）
フタル酸水素カリウム水溶液*	（中央実験台）

*g/L の単位で濃度を知らせるので（20.00〜21.00 g/L に調整してある），各自で分子量・式量を調べ
ておくこと．

3）溶液の調製

　　① 0.1 mol/L HCl 水溶液の調製　　5 mL　ホールピペットを使用

　　　　1 mol/L HCl 溶液を 10 倍希釈→0.1 mol/L HCl 水溶液

　　② 0.1 mol/L NaOH 水溶液の調製　　20 mL　メスシリンダーを使用

　　　　1 mol/L NaOH を 10 倍希釈→0.1 mol/L NaOH 水溶液

4）操　作

① 指示薬を用いた方法

a）約 0.1 mol/L 水酸化ナトリウム水溶液の標定

　　水酸化ナトリウムは水分や二酸化炭素を吸収しやすいので，正確にはかりとることのできる安定
な物質を用いて標定しなければならない．このような安定な物質の溶液を一次標準液といい，シュ
ウ酸，フタル酸水素カリウムなどの水溶液が用いられる．ここでは，フタル酸水素カリウム水溶液
を用いて，各自で調製した約 0.1 mol/L 水酸化ナトリウム水溶液を標定する．フタル酸水素カリ

ウム水溶液を 5 mL ホールピペットで正確にとり，三角フラスコに入れる．この中に指示薬を 1～2 滴入れ，ビュレットにプラスチックスポイトを用いて水酸化ナトリウム水溶液を入れて滴定する．使用した水酸化ナトリウム水溶液の体積から，水酸化ナトリウム水溶液の濃度を求める．指示薬については何を用いればよいか，各自で検討すること．

b）約 0.1 mol/L 塩酸の濃度決定

0.1 mol/L 塩酸を 5 mL ホールピペットで三角フラスコに正確にとる．この中に指示薬を 1～2 滴入れ，ビュレットにプラスチックスポイトを用いて水酸化ナトリウム水溶液を入れて滴定する．使用した水酸化ナトリウム水溶液の体積から，塩酸の濃度を求める．指示薬については何を用いればよいか，各自で検討すること．

ここまでの滴定はすべて最低 3 回行い，データのばらつきが大きい場合はやり直すこと

---

② pH メーターを用いた方法

①の a），b）の実験を，指示薬の代わりに pH メーターを用いて行う．

ビュレットに水酸化ナトリウム水溶液を入れる方法は "①指示薬を用いた方法" と同様の方法．

a）約 0.1 mol/L 水酸化ナトリウム水溶液の標定

フタル酸水素カリウム水溶液を 5 mL ホールピペットで正確にとり，プラスチックのビーカーに入れる．pH メーターの電極をこの溶液に浸し，このときの pH を測定する（電極のくびれた部分が，溶液に完全に浸らないときは，ぎりぎり浸るまで蒸留水を加える．入れすぎに注意すること）．ビュレットから水酸化ナトリウム水溶液を少しずつ滴下し，0.5 mL 程入れたところでビーカー内を攪拌してから，そのときの pH を読みとる．同様の操作を続け，当量点に近づいたら 1 滴ずつ滴下し，その都度の pH を読みとる．当量点を越えて pH ジャンプが終わってからは 0.2 mL 間隔の滴下に戻し，S 字曲線になるところまで，滴定を行ってゆく．測定をしながら，方眼紙やコンピュータで滴定曲線を描いて，pH ジャンプを視認できるようにする．完成した滴定曲線から，水酸化ナトリウム水溶液の正確な濃度を計算せよ．

b）約 0.1 mol/L 塩酸の濃度決定

約 0.1 mol/L 塩酸を 5 mL ホールピペットで正確にとり，プラスチックのビーカーに入れる．a）と同様に測定し，滴定曲線と塩酸の濃度を求める．

5）比較検討

4）の①と②のデータが著しくかけ離れている場合は，その原因をよく考えた上で，①をやり直す．

課題：

（1）実験 4）の①の b）を例に当量点と終点の違いについて述べよ．

（2）実験 4）の②で測定した pH の定義を示せ．

（3）実験 4）の②で，pH メーターを用いて作成した中和滴定曲線のように，S 字様の曲線で表現される現象（またはプロット）を他に 1 つ示せ．

（4）実験 4）の②で 0.1 mol/L 塩酸の最初の容量を V mL，ビュレットからの 0.1 mol/L NaOH 水溶液の滴下量を v mL とすると，v と水素イオン濃度 $[H^+]$（mol/L 単位）との関係は

$$v = \frac{V\left(\dfrac{10^{-14}}{[\mathrm{H^+}]} - [\mathrm{H^+}]\right) + 0.1\,V}{0.1 - \dfrac{10^{-14}}{[\mathrm{H^+}]} + [\mathrm{H^+}]}$$

となる．この式を用いて中和滴定曲線を再現せよ．

6）補　足

（2-1）　注意事項

1）ビュレット内の空気抜きがきちんとできていることを確認すること．

2）溶液は使用前によくかき混ぜること．

3）目盛りの読みは，最小目盛りの 1/10 まで読みとること．

　（ビュレットの最小分解能は 0.005 mL になる）

4）ピペット類の精度：ホールピペット＞メスピペット＞駒込ピペット．

5）pH 測定は，目盛りを読みとる前に電極と溶液をよく馴染ませること．また，電極の使用時はゴムキャップを外すこと．

6）ガラス（pH）電極の先端を硬いものにぶつけないこと．

7）中和滴定曲線の軸は，縦軸に pH の読み，横軸に滴下した溶液の体積をとること．S 字曲線の作成．

8）滴定実験セルの表式：使用の複合電極は下線部が一体化．

$$\underline{\mathrm{Ag} \mid \mathrm{AgCl} \mid \text{飽和 KClaq.}} \ \| \ \text{被滴定液} \mid \underline{\text{ガラス膜} \mid \text{塩酸} \mid \mathrm{AgCl} \mid \mathrm{Ag}}$$
$$\text{（参照電極）} \qquad\qquad\qquad \text{（ガラス電極）}$$

（2-2）　物質について

・HCl：目，呼吸器官系粘膜を刺激．高濃度の水溶液は，ドラフト内で使用．

・NaOH：皮膚を腐食．目に入ると失明の恐れ．

・メチルオレンジ：織物の染色と印刷に利用．

・フェノールフタレイン：半慢性的毒性に関する研究例あり．

・フタル酸水素カリウム（$C_8H_5O_4K$）：塩基の標定用標準物質．

（2-3）　Report 作成上の注意

1）濃度の平均値*，標準偏差*と変動係数（％表示）*を計算・報告 {4) の①}．有効数字の目安は 3 桁．

2）滴下体積–pH の読みを表*にして報告 {4) の②}．

3）滴定曲線*の添付 {グラフ用紙 or 図作成用ソフトで作成のものに限る．4) の②}．各軸のラベル表示を忘れないこと．

実験（3） アセチルサリチル酸の合成とその性質

予習事項

（1） 有機化学反応の中のエステル化について

（2） 吸引ろ過法について

（3） 再結晶法について

（4） 使用する各試薬について

（5） サリチル酸1gから計算上最大何gのアセチルサリチル酸が生成するか.

実験

1）目　的

○ 少量の濃硫酸を触媒としてサリチル酸と無水酢酸からサリチル酸の酢酸エステルを作る.

○ 水酸基およびカルボニル基という重要な官能基の性質を知る.

○ 物質の精製法および同定法（融点測定）について学ぶ.

2）準　備

① 器　具（*：各実験台）

ブフナーロート，ろ過びん	各1個
素焼き板，コルク栓	各1個
三角フラスコ（50 mL）	2個
*湯浴，*水浴，*三脚，*バーナー，試験管ばさみ	各1個
ミクロスパーテル，毛細管，駒込ピペット	各1本
*試験管	3本
融点測定器	（後方共通実験台）

② 試　薬

サリチル酸，酢酸/水（1：10 v/v）	（中央実験台）
塩化鉄（Ⅲ）水溶液（2％）	（中央実験台）
無水酢酸，濃硫酸（滴下用）	（ドラフト）

3）操　作

① よく乾燥した三角フラスコ（50 mL）にサリチル酸1gをとり，それに**無水酢酸**2 mLを加えてよく振り混ぜ懸濁状態にする.

② ①の三角フラスコに濃硫酸を2滴加え，コルク栓またはゴム栓で軽くふたをし，よく振り混ぜてから沸騰した湯浴中で約5分間加熱する. やがてサリチル酸が溶けて全体が透明になる. この溶液を5～6分室温に放置すると結晶が出始め，しばらくすると全体が白く固化する. 結晶が出にくいときは，ガラス棒を反応液につけ，外に出し，種結晶を作ってから再び反応液につける.

③ 結晶化したアセチルサリチル酸に水約20 mLを加え，ガラス棒でよく攪拌してかたまりを砕いてから吸引ろ過し，冷やした蒸留水で1回軽く洗い，十分水分を切る.

④ 結晶を2枚のろ紙ではさんで十分水分をとってから，結晶をろ紙からミクロスパーテルでこそぎ取り，薬包紙に移して全量を秤量し，収率を計算する．

⑤ ④の結晶の0.65 gを別のフラスコにとり，酢酸/水（1：10 v/v）7 mL（結晶の量により適宜加減すること）を加え，80 ℃以上の湯浴中で素早く溶かし，室温に静置する．

　※結晶の量が0.65 g未満の場合は実際の量に対する酢酸/水（1：10 v/v）量を計算した量を加える．

⑥ やがて析出した結晶を吸引ろ過法で集め，冷水で洗い，水分をよく切る．

⑦ この再結晶化後の結晶の全量を秤量してから，下記の要領で融点を測定し，定性試験を行う．

反応式

　　　サリチル酸　　　　　　　　無水酢酸　　　　　　　アセチルサリチル酸　　　　　　酢酸

融点測定

　純粋な結晶はその物質固有の融点を示し，不純物が含まれるとそれより低い融点で溶けるか，明確な融点を示さない．簡単に融点を測定する方法は，長さ8～10 cm，内径1～1.5 mm程度のキャピラリー（毛細管）の一端を溶封し，素焼き板の上で細かく粉末状にしたものを，キャピラリーの開口部からスパーテルを用いて静かに押し込み，軽く実験台の上でトントンと叩いて底部に落としていく．高さが2.5～3.5 mm位になるまでかたく詰める．これを融点測定器のキャピラリー挿入口から差し込む．キャピラリー先端は，温度計の球部にできるだけ近づける．次に，電源を入れ，電圧調節ツマミを回し，温度を徐々に上昇させる．温度上昇の速さは，はじめは早く，融点付近では毎分1 ℃程度とする．試料が半融した状態から完全に液化した温度を融点とする．

定性テスト

　3本の試験管を用意し，各試験管の中には操作④，⑥の結晶と原料のサリチル酸のごく少量の結晶を（ミクロスパーテルの耳掻き部分の1/3程度）をそれぞれ別々にとり，3 mLの水を加え，湯浴中で数分加温して溶かし，水道水で冷却してから塩化鉄（Ⅲ）水溶液を1滴たらして色の変化を比較する．

赤外分光法（Infrared Spectroscopy；IR）

■試料に赤外線を透過させることで，その試料が吸収する波長を記録する．このようにして得られた図を赤外スペクトルという．光源からの赤外線を対照光（I_r）と入射光（I_i）に分け，入射光のみを試料に当てる．対照光（I_r）と試料を横断した透過光（I_t）の差を検出器で検出すれば赤外スペクトルが得られる．

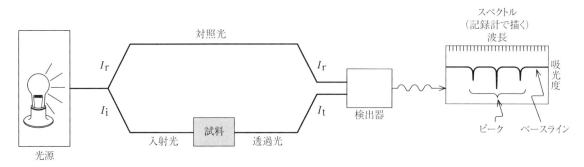

「出典」ボルハルト・ショアー　現代有機化学（上）第3版　p.406　図10−3

■赤外分光法では，原子どうしをつないでいる結合における原子の振動励起を観測することができる．そのため C−O 二重結合など分子内に存在する結合の種類を知る判断材料として利用できる．例えば，

エステル（−OCOR）の C−O 二重結合は，1755−1735 cm^{-1}

ニトリル（−CN）の C−N 三重結合は，〜2250 cm^{-1}

の吸収位置に強度の強いピークが現れる．

■サリチル酸をアセチルサリチル酸に変換すると，フェノール性水酸基（−OH）がエステル（−OCOMe）へと変換されるので，特徴的な変化として C−O 二重結合の新たなピーク（1750 cm^{-1}付近）が赤外スペクトルに現れる．

■サリチル酸（原料）の赤外スペクトル

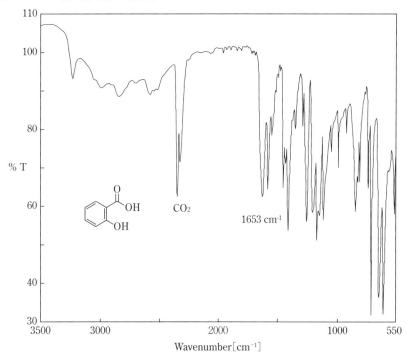

【補足】

*1653 cm^{-1}：

カルボン酸の C−O 二重結合

■アセチルサリチル酸（生成物）の赤外スペクトル

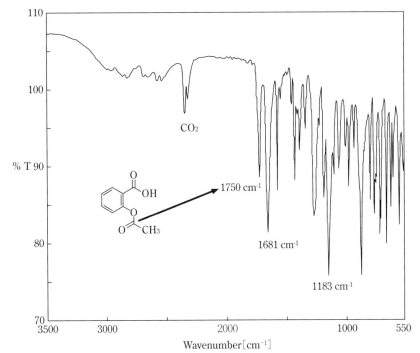

【補足】

*1183 cm⁻¹：
エステルの C−O 単結合

*1681 cm⁻¹：
カルボン酸の C−O 二重結合

*1750 cm⁻¹：
エステルの C−O 二重結合

課題：

(1) サリチル酸と無水酢酸との反応で，どんな副生成物が可能だろうか．

(2) サリチル酸の酢酸エステルを合成するのには，他にどのような方法があるだろうか．

(3) アスピリンの水溶液を長時間加熱すると原料のサリチル酸が生じる．なぜか．

(4) アスピリンを再結晶する際（実験操作5）に酢酸水溶液を用いる理由を説明せよ．

(5) アスピリン（pK_a = 3.5）は，安息香酸（pK_a = 4.9）よりも強い酸であるが，サリチル酸よりは弱い酸である．この差を説明せよ．

(6) 胃液の中の pH は約2.0，小腸の pH は 6〜8 である．アスピリンは胃と小腸ではイオン化しているだろうか．

実験（4） デンプンの加水分解

2人1組

デンプン顆粒は顕微鏡的には層状構造をなしており，内側の部分をアミロース（amylose）とよび，20～30 % を占め，外側の皮膜に相当する部分をアミロペクチン（amylopectin）とよび，顆粒の70～80 %を占める．アミロースとアミロペクチンはともに D グルコースから構成されているが，前者は直鎖構造（α-1, 4 結合）であるのに対し，後者は分枝構造（α-1, 4 結合と α-1, 6 結合）である．冷水には溶解しない．デンプン粒子は熱湯中で膨化して粒子構造が壊れ，糊清（paste）をつくる．このデンプンの膨化はアルカリ溶液中でも起きる．デンプンはヨウ素と分子間化合物を作り，深青色を呈する．この溶液をアルカリ性にしたり加熱したりすると青色は消えるが，アルカリを中和したり冷却すれば，再び青色を呈する．この呈色反応はきわめて鋭敏であるので，ヨウ素滴定法で滴定終点の判定に用いられる．

デンプンは希酸またはアミラーゼによって加水分解される．酸分解では次のような過程で D グルコースを生ずる．

Starch　→　Erythrodextrin　→　Achrodextrin　→　Maltose　→　Glucose

エリスロデキストリンは，ヨウ素で赤紫色を呈し，アクロデキストリンは，呈色しない．反応液は還元性を示す．

本実験では希酸および酵素（唾液アミラーゼ）を用いてデンプンの加水分解を行い，その分解の様子をヨウ素デンプン反応で追跡すると共に，希釈法により単位唾液量が分解できるデンプン量を求める．

実験 A ——デンプンの酸による加水分解——

1）準　備

　① 器　具

駒込ピペット（3 mL），試験管ばさみ	各1本
50 mL 三角フラスコ	1個
試験管（20 mL）	8～10 本

　② 試　薬

可溶性デンプン	（中央実験台）
ヨウ素ヨウ化カリウム溶液，リトマス試験紙	（前方実験台）
ベネディクト試薬	（後方共通実験台）

1 mol/L 希硫酸（ドラフト内にて各自調製），1 mol/L 水酸化ナトリウム（実験（1）で作った溶液を使用する）

2）操　作

可溶性デンプン 0.2 g を 50 mL 三角フラスコにとり，蒸留水 10 mL を加え，十分に沸騰した湯浴でよく溶かす．流水で冷却後，1 mol/L の硫酸 10 mL を加え，再び沸騰湯浴中につける．沸騰湯浴中につけた状態のまま<u>加熱開始時を含めて</u>5 分おきに反応液各 1 mL を駒込ピペットであらかじめ蒸留水 2 mL を入れた試験管にとり，冷水で冷却後，ヨウ素溶液 1 滴を加えて，発色を観察する．完全に加水分解される（溶液の色が淡黄色になる）までの時間を記録する．

ベネディクトテスト

（注 1）ベネディクトテストが終了してから三角フラスコ内の反応液を廃棄すること.

完全に加水分解された溶液 1 mL を 2）操作で沸騰湯浴中につけた状態の三角フラスコから駒込ピペットで試験管にとり，1 mol/L 水酸化ナトリウム水溶液を加えてアルカリ性になったことをリトマス試験紙で確認後，ベネディクト試薬 1 mL を加える．ミキサーで攪拌後ドライバスで（4 分程度）加熱する（後方共通実験台で注意深く行う）．どのような現象が観察されるか（4 分程度経過観察すること）.

実験 B ——唾液中のアミラーゼ活性の測定——

1）準　備

　　① 器　具

先端目盛りメスピペット（10 mL）	1 本
ホールピペット（1 mL）	4 本
試験管	11 本
ピペット台	1 台
恒温槽	（後方共通実験台周辺）

（注 2）1 mL のホールピペットは大変折れやすく，けがをしやすいので，よく注意して扱うようにする.

　　② 試　薬

可溶性デンプン，0.9 % NaCl 水溶液（生理的食塩水）	（中央実験台）
1/15 mol/L リン酸緩衝液（pH = 6.8）	（中央実験台）
ヨウ素ヨウ化カリウム溶液	（前方共通実験台）

2）操　作

可溶性デンプン 0.15 g を 50 mL 三角フラスコにとり，蒸留水 15 mL を加え，沸騰湯浴でよく溶かした後，流水で冷却して 1 % デンプン水溶液を調製する．唾液 1 mL に 0.9 % NaCl 水溶液 9 mL を加えてよくかき混ぜ，10 倍希釈唾液を調製する．試験管 10 本を用意し，それぞれに 0.9 % NaCl 水溶液 1 mL を加える．次に 10 倍希釈唾液を次の表のように倍数希釈する．20〜10240 倍希釈唾液が得られる．次に各試験管に緩衝液を 1 mL 加える．最後に，流水で十分に冷却した 1 % デンプン水溶液 1 mL を各試験管に素早く加え，よく攪拌し 38 ℃ の恒温槽に 30 分放置する．冷水で冷却後，ヨウ素溶液を加えて，ヨウ素デンプン反応が何番目の試験管まで陰性（青色をまったく帯びない）かを見る.

試験管番号	2	3	4	5	6	7	8	9	10	11
0.9 % NaCl 水溶液　mL	1	1	1	1	1	1	1	1	1	1
唾液　mL	1	1	1	1	1	1	1	1	1	1
緩衝液　mL	1	1	1	1	1	1	1	1	1	1
1 % デンプン　mL	1	1	1	1	1	1	1	1	1	1
	（38 ℃ で 30 分間放置）									
ヨウ素溶液	（各 1 滴）									
判定（色）										

1 mL 捨てる

完全に青色を帯びない最高の試験管番号を n とすると，唾液 0.1 mL が 38 ℃ において 30 分間作用したときに分解されるデンプン量（X）は

$$X\,(\mathrm{mg}) = 10 \times 2^{n-1}$$

と表され，原唾液 1 mL については次式で求められる．

$$10 \times X\,(\mathrm{mg})$$

唾液のアミラーゼ活性はストレスによって上昇することが知られている．

課題：

（1）　ヨウ素デンプン反応で深青色を呈した溶液をアルカリ性にしたり加熱したりすると色は消えるが，アルカリを中和したり冷却すれば，再び深青色を呈する．この可逆的な色の変化はなぜか．

（2）　デンプンを加水分解しヨウ素デンプン反応で呈色しなくなった場合でもベネディクトテストで酸化還元反応があまり進まないことがある．この理由を考えよ．

（3）　ベネディクトテストにおける酸化還元反応を完全な反応式で示せ．

（4）　ベネディクトテストで計算上最大何 g の酸化銅（Ⅰ）が生成するか．

化学基礎実験　実験（4）補足資料

グルコース

マルトース

a-1,4 結合

アミロース

分子量：数千〜15 万

アミロペクチン

分子量：50 万以上

a-1,6 結合

アミロースのら旋構造（水中）[*]

*「出典」コーン・スタンプ　生化学第 5 版 p.40 構造 2・10

	Starch $\longrightarrow$	Erythrodextrin $\longrightarrow$	Achrodextrin $\longrightarrow$	Maltose $\longrightarrow$	Glucose
ヨウ素発色	青色	赤紫色	呈色しない		
グルコース単位	約 800 個	約 34〜38 個	約 20 個	2 個	1 個

実験 A：H_2SO_4 による酸加水分解
　アミロースをランダムに分解する．
実験 B：唾液中のアミラーゼによる分解
　アミロースをランダムに分解する．

───────────────

（参考）ジアスターゼによる分解
　非還元末端からグルコース単位を 2 個ずつ切断してマルトースを与える．

Benedict 溶液：
　硫酸銅水溶液とクエン酸ナトリウムのアルカリ性水溶液の混合溶液．

実験（5） 化学反応速度の測定

注意事項

（1） この実験の整理の際，対数の計算が必要となる．対数の計算ができる電卓を用意すること．

（2） 廃液やその容器を洗浄した水は，必ず専用の廃液だめに入れること．流しに捨てないこと．

（3） 硫酸チタン（Ⅳ）は強酸性のため，衣服に付着しないよう十分に注意する．

1）目　的

活性炭による H_2O_2 分解反応を吸光光度法で追跡することで反応速度定数を求め，さらに活性化エネルギーを算出して化学反応速度について考察する．

2）原　理

① 反応速度定数

H_2O_2 分子が H_2O 分子に分解する反応

$$H_2O_2 \rightarrow H_2O + \frac{1}{2}O_2 \qquad \cdots\cdots\cdots\cdots (1)$$

の反応速度 v は

$$v = -\frac{d[H_2O_2]}{dt} = k[H_2O_2] \quad \cdots\cdots\cdots\cdots (2)$$

で表される．ここで，$[H_2O_2]$ は H_2O_2 の濃度を表す．定数 k は反応速度定数とよばれ，反応物質の濃度には依存しない．このため，速度定数は反応の違いによる速度を比較するのに用いられる．

後述の 5 項に示したように，（2）式を関数 $[H_2O_2]$ と時間 t とに変数分離し積分することで

$$\ln\frac{[H_2O_2]}{[H_2O_2]_0} = -kt \qquad \cdots\cdots\cdots\cdots (3)$$

が得られる．（3）式より，H_2O_2 の初濃度 $[H_2O_2]_0$ と各時間における H_2O_2 の濃度 $[H_2O_2]$ を測定し，横軸に時間 t，縦軸に $\ln([H_2O_2]/[H_2O_2]_0)$ の値をプロットすることで，直線の傾きから定数 k が求められる．（3）式を $[H_2O_2]$ について解くと，次式が得られる．

$$[H_2O_2] = [H_2O_2]_0\, e^{-kt} \qquad \cdots\cdots\cdots\cdots (3')$$

② 反応速度と温度

速度定数 k は温度の関数である．一般に，k の温度依存性は反応によって大きく異なるが，常温付近で 10 K の上昇で k は 2 倍程度に増加する反応が比較的多い．速度定数と温度について

$$k = A e^{-\frac{E_a}{RT}} \qquad \cdots\cdots\cdots\cdots (4)$$

あるいは

$$\ln k = \ln A - \frac{E_a}{RT} \qquad \cdots\cdots\cdots\cdots (4')$$

の関係が成り立つ．これを Arrhenius の式という．ここで A を頻度因子，E_a は活性化エネルギーとよばれる．あまり広くない温度範囲では速度定数の対数（$\ln k$ あるいは $\log_{10} k$）を $1/T$ に対してプロットすれば直線関係になり，その勾配から活性化エネルギー，切片から頻度因子が求められる．

課題：

(1) 上式中の活性化エネルギーとはどのような意味をもつか．

③ H_2O_2 濃度の測定

H_2O_2 溶液に硫酸チタン（IV）を入れると，呈色反応が起きる．これを利用し，呈色についての吸光度測定により H_2O_2 濃度を決定する．

吸光度による定量は，Lambert－Beer の法則に基づく．すなわち，厚さ l（cm）のセル中の呈色溶液を単色光が通過するとき，H_2O_2 と反応したチタン（IV）種の濃度 c（mol/L），入射光の強度 I_0，透過光の強度 I には

$$\text{吸光度（absorbance）} = \log_{10}(I_0/I) = \varepsilon c l$$

の関係が成り立つ．本実験のように，希薄な溶液について成り立つ式であることに留意せよ．I/I_0 を透過率（transmittance）という．ε（L mol^{-1} cm^{-1}）は物質に固有な定数で，モル吸収係数（molar absorption coefficient）とよばれる．この関係より，404 nm に見られる吸収ピーク強度を初濃度の場合と比べることで，H_2O_2 濃度変化を追跡することができる．

3）準　備

① 器　具

　　貸出用（4 人 1 組）

　　　　メスピペット（1 mL，5 mL）　　　　　1 本ずつ

　　貸出用（全体で共通）

　　　　マイクロピペット　　　　　　　　　（後方共通実験台）

　　　　吸光度測定セル　　　　　　　　　　（後方共通実験台）

　　　　曲線定規　　　　　　　　　　　　　（後方共通実験台）

　　個人用（4 人 1 組）

　　　　試験管（20 mL）　　　　　　　　　　10 個程度

　　　　三角フラスコ（100 mL）　　　　　　2 個

　　　　ガラス棒　　　　　　　　　　　　　1 本

　　　　恒温槽　　　　　　　　　　　　　　（後方共通実験台周辺）

② 試　薬

　　　　活性炭（粒状）　　　　　　　　　　（中央実験台）

　　　　過酸化水素水（0.3 ％）　　　　　　（中央実験台）

　　　　硫酸チタン（IV）水溶液（25 ％）　　（後方共通実験台）

4）操　作

① H₂O₂濃度測定の練習（初濃度での吸光度）

　　メスピペットを用いて，試験管に 2.9 mL の蒸留水を入れる．メスピペットで 0.3 % H₂O₂溶液 0.1 mL を加え，0.01 % 溶液とする．この試験管に，マイクロピペットで 25 % Ti（SO₄）₂溶液 15 μL を加え，ミキサーでよく混ぜる．十分に混合しないと，水酸化チタンが生成して懸濁し，吸光度が測定できなくなることがあるので注意すること．呈色したら，溶液を試験管から吸光光度計用セル[注1]に移す．セルの光路長は 0.5 cm とし，紫外可視吸収スペクトルを測定し，H₂O₂溶液初濃度についての 404 nm のピーク強度を決定する．この際，短波長側にいくに従い徐々に強くなるバックグラウンド（溶質による吸収）の吸収分を差引く（曲線定規を用いる）よう留意する（右図）．

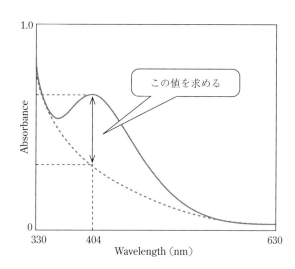

（注1）測定セルは蒸留水で洗い，キムワイプでよく水滴をとってから用いること．不十分だと，濃度が薄く見積られてしまう．あるいは，ごく少量の測定溶液で1回共洗いしても可．測定セルはスリ（半透明）のある面をもつ．

② H₂O₂分解反応（15，30，45 ℃ のうち，指定された反応温度で行う）

　　0.3 % H₂O₂溶液 40 mL を 100 mL 三角フラスコにとる．10 分間以上恒温槽につけた[注2]後活性炭 0.6 g[注3]を入れ，反応を開始する．開始時刻を記録し，反応時間 0 とし，サンプリングし H₂O₂初濃度を求める．以降，恒温槽中のフラスコをガラス棒でゆっくりと攪拌しながら，10 分毎[注4]にサンプリングを行い[注5]，50 分まで H₂O₂濃度変化を調べていく．

【サンプリングの要領】三角フラスコは恒温槽につけたままメスピペットで H₂O₂分解反応溶液 0.1 mL[注6]をとり出す．①と同様の手順で蒸留水を加え溶液を作り，25 % Ti（SO₄）₂溶液を加えた直後にミキサーで攪拌し，測定セルに溶液を移す．その測定セルにて時間をあけずに紫外可視吸収スペクトルを測定[注7]し，H₂O₂分解反応溶液についての 404 nm のピーク強度を決定する．

　　グラフにプロットしながら吸光度測定を進めること．これを各反応温度についてそれぞれ行う．

（注2）黄色のリングでフラスコをおさえ，恒温槽内に設置する．
（注3）温度依存性をみるグループ同士で，活性炭の重量ができるだけ揃うようにする．
（注4）ちょうど 10 分毎でなくても，とり出した時間が正確に記録できれば問題ない．
（注5）前回（10 分前）のサンプリング時にピペット内に付着した溶液による影響を無くすために，フラスコ内でピペットを共洗いしてからサンプリングする．共洗い液は三角フラスコ内に戻す．捨てないこと．
（注6）いったん 0.1 mL より少し多めにとり，メスピペットをフラスコから上方に移動後，ちょうど 0.1 mL に合わせるとやりやすい．フラスコ内で溶液の濃度勾配が生じないように，十分に攪拌してからサンプリングすること．
（注7）呈色，吸光度測定の操作は連続して行う．特に，吸光度測定の直前に硫酸チタンを混合することが重要．

③ 計算およびプロット

I. グラフ用紙に各温度についての吸光度の時間変化をプロットする．横軸に時間（秒），縦軸に吸光度をとり，（3′）式で示されるように指数関数的に減少するか確かめよ．

II. 各反応時間における $\ln（[H_2O_2]/[H_2O_2]_0）$ の値をプロットし，直線関係になることを確かめよ．

この勾配から一次反応速度定数 k を求めよ．

III. k を各反応温度について求める．II のグラフの横軸 $1/T$（T は絶対温度）に対して縦軸 $\ln k$（ただし，$\ln k = \log k / \log e$ に注意）をプロット（Arrhenius plot）し，得られる直線の傾きと y 切片から頻度因子 A と活性化エネルギー E_a を求めよ．

課題：

(2) H_2O_2 の分解は反応温度にしても，活性炭を入れないとほとんど進行しない．このことより活性炭の役割を記述せよ．

(3) この反応は生体内ではカタラーゼという酵素の作用で進行する．本実験のように活性炭表面では 1 次反応式に従うが，酵素ではそうならない．両者の違いについて調べてみよ．

5）補　足

（3）式の導出

$[H_2O_2] = x$ とおくと，(2) 式は $-\dfrac{dx}{dt} = kx$ と書ける．$x(t)$ は t の関数である．x と t とを変数分離すると

$$-\frac{1}{x}\,dx = k\,dt$$

両辺を時間 0 から t まで積分する $\left(-\displaystyle\int_{x_0}^{x} \frac{1}{x}\,dx = k\int_{0}^{t} dt \right)$ と

$$-(\ln x - \ln x_0) = kt$$

ここで x_0 は時間 0 での x の値で，H_2O_2 の初濃度 $[H_2O_2]_0$ のことである．変形すると

$$\ln \frac{x}{x_0} = -kt$$

以上のようにして，（3）式が導けた．

付表 [1]　エネルギー換算表

	kJ mol^{-1}	kcal mol^{-1}	J	eV	cm^{-1}
1 kJ mol^{-1}	1	0.23901	1.665×10^{-21}	0.10364	83.594
1 kcal mol^{-1}	4.184	1	6.9477×10^{-21}	0.043364	349.76
1 J	6.0221×10^{20}	1.4394×10^{20}	1	6.2414×10^{18}	5.3401×10^{22}
1 cm^{-1}	0.011963	2.8591×10^{-3}	1.9864×10^{-23}	1.2398×10^{-4}	1

付表 [2]　基本定数の値

光の速度	$c = 2.9979 \times 10^8 \, \text{m s}^{-1}$
電子の質量	$m_e = 9.1094 \times 10^{-31} \, \text{kg}$
陽子の質量	$m_p = 1.6726 \times 10^{-27} \, \text{kg}$
中性子の質量	$m_n = 1.6750 \times 10^{-27} \, \text{kg}$
素電荷	$e = 1.6022 \times 10^{-19} \, \text{C}$
プランク定数	$h = 6.6261 \times 10^{-34} \, \text{J s}$
ボルツマン定数	$k = 1.3807 \times 10^{-23} \, \text{J K}^{-1}$
アボガドロ定数	$N_A = 6.022 \times 10^{23} \, \text{mol}^{-1}$
気体定数	$R = N_A k = 8.314 \, \text{J K}^{-1} \, \text{mol}^{-1} = 1.987 \, \text{cal K}^{-1} \, \text{mol}^{-1}$
	$= 0.08206 \, \text{L atm K}^{-1} \, \text{mol}^{-1}$
ファラデー定数	$F = N_A e = 96485 \, \text{C mol}^{-1}$

付表 [3]　ギリシア文字

A	α	アルファ	N	ν	ニュー
B	β	ベータ	Ξ	ξ	グザイ
Γ	γ	ガンマ	O	o	オミクロン
Δ	δ	デルタ	Π	π	パイ
E	ε	イプシロン	P	ρ	ロー
Z	ζ	ゼータ	Σ	σ	シグマ
H	η	イータ	T	τ	タウ
Θ	θ	シータ	Υ	υ	ウプシロン
I	ι	イオタ	Φ	ϕ	ファイ
K	κ	カッパ	X	χ	カイ
Λ	λ	ラムダ	Ψ	ϕ	プサイ
M	μ	ミュー	Ω	ω	オメガ

付表 [4] 元素の周期表

数値は原子量を示す．原子量は，質量数 12 の炭素（^{12}C）を 12 とし，これに対する相対値とする．

	1	2	3	4	5	6	7	8	9	10	11	12	13	14	15	16	17	18
1	H 1.008																	He 4.003
2	Li 6.941	Be 9.012											B 10.81	C 12.01	N 14.01	O 16.00	F 19.00	Ne 20.18
3	Na 22.99	Mg 24.31											Al 26.98	Si 28.09	P 30.97	S 32.07	Cl 35.45	Ar 39.95
4	K 39.10	Ca 40.08	Sc 44.96	Ti 47.87	V 50.94	Cr 52.00	Mn 54.94	Fe 55.85	Co 58.93	Ni 58.69	Cu 63.55	Zn 65.41	Ga 69.72	Ge 72.64	As 74.92	Se 78.96	Br 79.90	Kr 83.80
5	Rb 85.47	Sr 87.62	Y 88.91	Zr 91.22	Nb 92.91	Mo 95.94	Tc (99)	Ru 101.1	Rh 102.9	Pd 106.4	Ag 107.9	Cd 112.4	In 114.8	Sn 118.7	Sb 121.8	Te 127.6	I 126.9	Xe 131.3
6	Cs 132.9	Ba 137.3	*	Hf 178.5	Ta 180.9	W 183.8	Re 186.2	Os 190.2	Ir 192.2	Pt 195.1	Au 197.0	Hg 200.6	Tl 204.4	Pb 207.2	Bi 209.0	Po (210)	At (210)	Rn (222)
7	Fr (223)	Ra (226)	**	Rf (267)	Db (268)	Sg (271)	Bh (272)	Hs (277)	Mt (276)	Ds (281)	Rg (280)	Cn (285)						

ランタノイド *	La 138.9	Ce 140.1	Pr 140.9	Nd 144.2	Pm (145)	Sm 150.4	Eu 152.0	Gd 157.3	Tb 158.9	Dy 162.5	Ho 164.9	Er 167.3	Tm 168.9	Yb 173.0	Lu 175.0
アクチノイド **	Ac (227)	Th 232.0	Pa 231.0	U 238.0	Np (237)	Pu (239)	Am (243)	Cm (247)	Bk (247)	Cf (252)	Es (252)	Fm (257)	Md (258)	No (259)	Lr (262)

執筆および実験検討者

青木　直和　*	幸本　重男　****
赤染　元浩　†	桑折　道済　†
赤間　邦子　**,***	小西　健久　††
荒井　孝義　††	小林　誠一　†††††
石川　紘輝　†††††	柴　史之　†
泉　康雄　††	島津　省吾　†
一國　伸之　†	関　実　†
市原　佳子　††††††	谷口　竜王　†
伊藤知佳子　††††	塚田　学　†
猪木　真理　*****	中村　一希　†
岩舘　泰彦　†	中村佐紀子　*
上川　直文　†	沼子　千弥　††
大川　祐輔　†	藤田　力　****
大場　友則　††	星　永宏　†
岡田　りか　******	三上亜矢子　*******
掛川　一幸　****	森田　剛　††
勝田　正一　††	森山　克彦　††
菅野　翔太　*****	吉田　和弘　††
岸川　圭希　†	米澤　直人　††
久下　謙一　†	劉　醇一　†
串田　正人　†,†††	渡邉　正裕　†††††
工藤　義広　††	

*	千葉大学大学院融合科学研究科
**	千葉大学普遍教育センター
***	千葉大学大学院理学研究科
****	千葉大学大学院工学研究科
*****	千葉大学工学部
******	千葉大学学生部教務課普遍教育室（化学担当）
*******	千葉大学国際教養学部普遍教育係（化学担当）
†	千葉大学大学院工学研究院
††	千葉大学大学院理学研究院
†††	千葉大学大学院国際学術研究院
††††	千葉大学人社系学務課国際教養系学務室 普遍教育係（化学担当）
†††††	千葉大学理工系総務課技術グループ
††††††	千葉大学理工系総務課（大学院工学研究院）

かがくきそじっけん
化学基礎実験　2024, 2025

2011 年 4 月 30 日　第 1 版　第 1 刷　発行
2012 年 3 月 30 日　第 2 版　第 1 刷　発行
2024 年 3 月 30 日　第 2 版　第 7 刷　発行

著　者　千葉大学化学教員集団
発行者　発田　和子
発行所　株式会社 学術図書出版社
〒113-0033　東京都文京区本郷 5 - 4 - 6
TEL 03-3811-0889　振替 00110-4-28454
印刷　三和印刷（株）

定価は表紙に表示してあります.

ISBN978-4-7806-1223-3　C3043

フローチャート　（実験手順）（2）　　　提出年月日：　　　　　　　指導教員名：

実験年月日	実 験 題 目	期　別	曜日	実験台番号	学生証番号	氏　　　名
	中　和　滴　定					

実験年月日	実　験　題　目	期　別	曜日	実験台番号	学生証番号	氏　　　　名
	アセチルサリチル酸の合成とその性質					

実験年月日	実　験　題　目	期　別	曜日	実験台番号	学生証番号	氏　　　　名
	アセチルサリチル酸の合成とその性質					

フローチャート　（実験手順）（4）　　　提出年月日：　　　　　　　指導教員名：

実験年月日	実　験　題　目	期　別	曜日	実験台番号	学生証番号	氏　　　名
	デンプンの加水分解					

フローチャート （実験手順）（5）　　提出年月日：　　　　　　指導教員名：

実験年月日	実　験　題　目	期　別	曜日	実験台番号	学生証番号	氏　　　　名
	化学反応速度の測定					

化学基礎実験レポート（1）　　　提出年月日：　　　　　　指導教員名：

実験年月日	実　験　題　目	期　別	曜日	実験台番号	学生証番号	氏　　　　名
	一般的注意と予備実験					

共同実験者：

化学基礎実験レポート（1）

一般的注意と予備実験

共同実験者：

化学基礎実験レポート（2）　　　提出年月日：　　　　　　指導教員名：

実験年月日	実 験 題 目	期 別	曜日	実験台番号	学生証番号	氏　　　名
	中 和 滴 定					

共同実験者：

化学基礎実験レポート（3）　　　提出年月日：　　　　　　指導教員名：

実験年月日	実　験　題　目	期　別	曜日	実験台番号	学生証番号	氏　　　名
	アセチルサリチル酸の合成とその性質					

共同実験者：

実験年月日	実 験 題 目	期　別	曜日	実験台番号	学生証番号	氏　　　名
	デンプンの加水分解					

共同実験者：

実験年月日	実　験　題　目	期　別	曜日	実験台番号	学生証番号	氏　　　　名
	化学反応速度の測定					

共同実験者：